Agua
L'aigua

APULEYO EDICIONES   FOMENTO DE VALORES   CUENTOS ILUSTRADOS

Rowan, **Noah** y **Chloe**,
sois los tres soles que dan luz y color a mi vida.

Eidan,
eres la estrellita que faltaba en mi cielo de colores.

Cuando me despierto, veo, desde mi ventana,
cómo el sol brilla por la mañana.
Las nubes me saludan, blancas y de algodón...
¡Parecen tan blanditas como mi colchón!

Algunos días, si cambian su color,
yo creo que se enfadan, tapando el sol...
¡Y el cielo nos envía un buen chaparrón!

Quan al matí entra la llum per la finestra,
és el sol qui em desperta!
Però si el cel, blau i tou, es torna ennuvolat,
són els núvols, que s'han enfadat!

Puede llover fuerte o llover flojo
y si salgo sin paraguas, ¡me mojo!
La tierra se bebe el agua cuando empieza a llover.
Yo también bebo ¡para calmar mi sed!

Quan els núvols porten una bona aiguada,
la terra beu, perquè té gana!
Aquesta pluja és un aliment
per a les plantes,
que tenen molta, de set!

Chapoteo en los charcos una y otra vez,
¡pero nunca encuentro ningún pez!
Tal vez, con mis guantes de lana,
¡pueda coger una rana!

Quan el cel, tan ennegrit, ens envia un bon xàfec...
He d'agafar el paraigües, ben fort, pel mànec!
Veig una granota, que em somriu. I jo li pregunto:
—Vols venir, amb mi, a jugar al riu?

O si esta se escapa de un salto,
¡buscaré pajaritos en aquel árbol tan alto!
La sigo y ella va delante...
¡hasta que se detiene en un estanque!

Anem junts cap al bosc, quan el plujat ja ha marxat;
hi trobem arbres i, a les branques,
ocells contents i cantant,
perquè el sol ens torna a enlluernar!

Haga calor o haga frío, yo prefiero ir hacia el río;
donde dicen, el agua es caudalosa, pero...
¿qué quiere decir esa cosa?
Allí no debo pisar las piedras descalzo, porque...
¡me puedo dar un buen tortazo!

El riu ens rep amb l'aigua avall,
i les pedres, xopes, les vull trepitjar.
Però la meva amiga, la granota, em diu:
—Ves amb compte, que hi pots relliscar!

Cuando no llueve, el agua también se mueve.
Lo he visto en las montañas, donde cae…
desde arriba hacia abajo, en forma de cascada…
pero es dulce, ¡no salada!

Sal tiene la del mar,
que es adonde los ríos van a parar.
Allí, el agua hace volteretas al chocar con la sal.
¡Y es en la arena donde jugamos los nenes y las nenas!

L'aigua tranquil·la d'un estany,
sembla que no es mogui en tot l'any.
A les muntanyes, en canvi,
brolla amb un gran salt cap avall!

A la platja, les tombarelles de l'aigua són salades.
Hi fem castells de sorra
que, quan venen les onades…
tots s'esborren!

Tanto en agua dulce
como en la salada,
mi perra se mete, juega y nada;
y siempre regresa, muy mojada...
¡de su traviesa escapada!

*A la meva gossa li agrada més l'aigua dolça
que no pas la salada;
és per això que s'hi banya i neda;
i sempre surt... ben xopa i ben mullada!*

Cuando el sol ya no calienta el agua...
¡es que el verano se acaba!
Entonces, en casa, la ducha calentita...
¡es como otra cascada!

Quan l'estiu s'acaba,
ja no ens banyem a fora...
sinó a casa. Quina llàstima!
Aleshores imagino que la dutxa és...
una altra cascada!

A veces las nubes dejan de llorar,
y si no llueve..., ¡todo se puede secar!
Yo no sé qué quiere decir la palabra "sequía"...
Cuando la oigo, todavía circula agua por las tuberías.

Pero mi grifo y yo jugamos a guardar
el agua bajo su llave... ¡Así no se puede escapar!
Porque si se pierde y no llega al mar...
¿quién arreglará semejante avería?

Si el cel no deixa els núvols plorar,
la pluja que no cau ens pot enfonsar
en un problema que diuen sequera...
...jo no sé què vol dir aquesta paraula!

Ens diuen que l'aixeta, l'hem de tancar,
perquè l'aigua, si es perd, es pot escampar.
I si es perd, i no arriba al mar...
no tindrem aigua ni a la dutxa, ni a la taula!

Cuando el calor nos dice adiós
y llena las nubes de gotitas de agua,
de nuevo, ¡parece que se enfadan!
Y vuelven a caer en la tierra
en forma de lluvia, de nieve ¡o de granizada!

Quan la calor s'acomiada
i bufa fort el vent,
els núvols, plens de gotes d'aigua,
pugen cap al cel.
I tornaran a caure a terra
en forma de pluja, neu o calamarsada!

Cuando pasa la tormenta, o el temporal,
el sol puede salir y volver a brillar,
reflejando, en el cielo azul, ¡toda su luz!

Entonces, las nubes, que ya no se enfadan,
dibujan en él, como en una pizarra,
usando como tiza ¡el agua!

Y pintan un arco de muchos colores.
Es el arcoíris, que también descansa...
¡entre algodones!

Un cop ha marxat la tempesta, o el temporal,
el sol torna a sortir i pot, de nou, brillar!

El cel, tan blau, és com una pissarra,
on els núvols hi pinten,
fent servir com a guix, l'aigua!

Dibuixen un arc ple de colors.
És l'arc de Sant Martí, que ara dorm...
sobre coixins de blanc cotó!

© Concepción Mostazo García (de la obra)
©Apuleyo Ediciones (de esta edición)
Primera edición en Apuleyo Ediciones: mayo 2024
Diseño de cubierta: Sofía Corzo González
Corrección: Aitor Andreu Guerrero
Maquetación: Domingo Carrasco Martín
Ilustraciones: María Ángeles Portugués Vidal
Coordinación editorial: Isidoro Cidre González
info@apuleyoediciones.com
www.apuleyoediciones.com
ISBN: 978-84-1060-162-8
Depósito legal: H 117-2024

Hecho e impreso en España.

Concepción Mostazo García

APULEYO EDICIONES   FOMENTO DE VALORES   CUENTOS ILUSTRADOS